Der Jordan

und

die Beschiffung des Todten Meeres.

Ein Vortrag

im wissenschaftlichen Vereine zu Berlin

von

Carl Ritter.

Hiebei eine Kartenskizze.

Zum Besten der evangelischen Schule in Jerusalem.

Berlin,
Druck und Verlag von G. Reimer.
1850.

Der Jordan und die Beschiffung des Todten Meeres*).

Wenn ich es wage, Ihnen, hochgeehrteste Versammlung, bei dem Wiederbeginn unsrer geringen wissenschaftlichen Bestrebungen zuzumuthen, sich, wenn auch nur für eine kurze Zeit, aus der lebendig-beweglichen und bequemen Gegenwart in eine öde Ferne und in eine fast todte Vergangenheit zu versetzen, so werde ich hiezu nur durch den Gedanken geleitet, daß es keine noch so räumliche Oede unsers Erdballs gibt, die nicht einiger Betrachtung in Beziehung auf das Ganze der Erscheinungen für den denkenden Menschen werth wäre. Zwar sind die Anziehungen verschiedener Art, welche diese Räume unsers Planeten darbieten; und die am schönsten mit dem üppigsten Schmuck der Natur, mit der reichsten Aufeinanderfolge großer Begebenheiten ausgestatteten, wie die Tropenwelt oder der classische

*) Dieser Vortrag wurde nur zum Anhören nicht zum Druck niedergeschrieben, da aber dieser von verschiedenen Seiten her gewünscht wurde, so mag er immerhin als Vorläufer der vollständigen Erdkunde von Palästina, in der die Nachweise für das Gesagte sich finden, dienen. Deshalb bittet er um Nachsicht bei seiner Beurtheilung, da er bei der Kürze der anberaumten Zeit lückenvoll bleiben mußte, und die einzige Veränderung bei dem Drucke statt fand, daß die im Vortrag ausgeschlossenen Enclaven hier im Texte beigefügt blieben. C. R.

Boden Indiens, Aegyptens oder Griechenlands und andere, werden sich stets die größten Bewunderer und die zahlreichsten Freunde und Liebhaber zuwenden.

Aber, nicht nur der Reichthum auch die Armuth, nicht nur der glänzende Effect auch die Unscheinbarkeit, haben ihre eigenen Reize; wie ungerecht wären nicht die Begabungen der Erde und der Völker vertheilt, wenn nicht in jeder derselben, richtig begriffen und aufgefaßt, ein Gegengewicht läge gegen die Unbill des scheinbaren Mangels, oder der Entbehrung. Dem Sohn der Wüste ist es in seiner Einförmigkeit auf die Dauer vielleicht noch wohler, als dem Städtebewohner in seinen Residenzen bei der stets wechselnden Mannichfaltigkeit der Lebensverhältnisse. Warum sehnt sich der Grönländer in seinen eisigen Norden, der Neger in seine heiße Libysche, der Beduine in seine arabische Wüste zurück? Selbst dem gebildeten Europäer, und wir könnten eine lange Reihe berühmter Namen aufzählen, ist der Aufenthalt, freilich nur der vorübergehende, in der peträischen, arabischen oder syrischen Wüste eine Quelle reicher Gedanken und Entzückungen, tiefer und ernster innerer Anschauungen und Gefühle gewesen, in die er sich aus der wiedererlangten Heimath nicht selten zurücksehnte. Denken wir unter den zahllosen Anachoreten und Eremiten in jenen dürren, felsigen Einsamkeiten, die ihr ganzes wunderbares Leben darin zubrachten, nur an den einzigen Sanct Hieronymus und an den Reichthum und die Tiefe seiner dort geschöpften Gedankenwelt über Menschenleben, Gegenwart, Zukunft und Unsterblichkeit.

Wollen wir auch gegen die Schöpfungen der Natur gerecht sein, wo sie uns nur in ihren kärglichsten Formen hervortritt, so dürfen wir nicht vergessen, was wir auch diesen, wenn sie uns auch noch so widerlich erscheinen sollten, verdanken. Wie in den babylonischen und euphratensischen Wüsten, die Erhebung der Völker zur Sternkunde, in den sinaitischen und arabischen Wüsten, nicht nur bei dem Volke Israels, sondern auch beim Volke Mohameds, die Hinführung zur Erkenntniß eines einigen Gottes; auf den unendlichen Wasserfluthen des einförmigen Oceans, zu der Nautik, zu der höhern Wissenschaft des Kosmos, und zur umfassenderen Einsicht in die Natur der Sternenwelt und der Rundung des Planeten unsers Wohnortes. Es könnte wol sein, daß auch manche besondre Landschaft unsers Erdballs, die weniger Lieblichkeit als andere darbietet;. die, wenn sie auch bei dem ersten Anblick sogar zurückschrecken sollten, doch gewisse geheime Reize in sich bewahrte, die vielleicht magisch, das heißt bewußtlos ihren Einfluß auf den Menschen ausübten, ja die vielleicht erst in dem Verlaufe der Geschichten von Jahrtausenden und Jahrhunderten sich offenbaren könnten, in den Schicksalen der Völker die unter ihre Aegide gestellt wurden. Denken wir an unsere eigene Heimath! Von den Eigenheiten des Jordanlaufes und des Todten Meeres, welche der besondere Gegenstand unserer diesmaligen Bemerkungen sein sollen, würde sich dieses zwar nur schwerlich schon gegenwärtig behaupten lassen; wol aber von dem ganzen an sich so unscheinbaren Palästinischen Lande, dem beide genannte Naturformen doch nur als Theile angehören.

Palästina eines der kleinsten und unscheinbarsten Ländchen der Erde ist doch dasjenige, dessen Name am weitesten über den Erdball, durch alle Länder und Völker, bis in die äußersten Zonen der Heiden vorgedrungen. Und nicht nur sein Name, sondern auch der wesentliche Inhalt seines Namens, seiner Erscheinungen, seiner Thaten für die Welt- und Menschen-Geschichte ist es, der mit ihm tief in die Gemüths- und Gedanken-Welt der Menschen eindrang! So weit christliche Gemeinden wohnen ist er ein gefeierter Name, an den täglich Erinnerungen, Gefühle, Gedanken, Ueberzeugungen von der größten und höchsten Wichtigkeit für das menschliche Herz geknüpft sind; und wo das Licht und die Wärme der Evangelien ein anderes Leben erweckt, da wandert gewiß auch das gelobte Land mit ein. Die Augen aller Völker der Erde werden dereinst noch auf jenes wunderbare Land der höchsten Offenbarungen hinweisen.

Auch die zerstreuten und verstoßenen Kinder denen nur die Offenbarung des Gesetzes auf jenem Boden zu Theil ward, jene Zerstreuten, denen die Erfüllung desselben auf jenem Schauplatze der Welterlösung noch verschleiert, oder gänzlich verborgen blieb, auch diese sind an denselben doch auch noch in ihrem ganzen altgläubigen Ideenkreise gefesselt. Eben durch ihre Patriarchenzeit, durch Jehovah ihren Landesgott, durch den einen Tempel auf Moriah; durch die Glanzperiode ihrer Richter, Propheten, Gesetzgeber, Sänger, Könige, ja selbst durch das ganze Geschick ihres Volkes, durch seinen furchtbaren Sturz und die daraus hervorgegangene Zerstreuung. Viele von ihnen, voll Sehnsucht nach jener alten Heimath der Verheißungen, kehren aus dem fernsten Orient und Occident, in ihrem höchsten Lebensalter auch heute noch dahin zurück, um ihre Asche am Fuße des Berges Moriah zu den Gebeinen ihrer Vorväter zu versammeln.

Auch ihre Dränger, die abtrünnigen Völker, die Araber und Türken, die heutigen Gebieter des Landes, theilen mit ihnen gleichen Wahn über die Heimath ihres Stammvaters Ibrahim (oder Abraham), und erkennen wenigstens, nach Mekka, die heilige Stadt, el Kods, d. i. Jerusalem, als den zweiten würdigsten Ort der Wallfahrten für die ganze Erde an.

Und woher diese weit sich verzweigende Anziehungskraft nach den verschiedensten Richtungen? wenn es nicht die äußere und innere Natur des Bodens selbst ist, aus welcher alle seine localen Begebenheiten und Geschichten wie aus einem gemeinsamen Stamme, wie das Volk selbst, hervorwachsen, und ihre Früchte zur rechten Zeit zur Reife brachte.

Eben in dieser naturwüchsigen Entwicklung der verschiedenen Individualitäten der Planetenstellen, die wir Erdräume, oder in Beziehung auf Organismen, Heimathen, im Verhältniß zu Völker und Menschenverhältnissen, Vaterland nennen, liegt ein unendlicher Reichthum, eine unumgränzbare Mannichfaltigkeit der Schöpfung.

Zu einer solchen historischen, ganz localen und doch geistigen Entfaltung der Erscheinungen im räumlich Sichtbaren, auf der angedeuteten Erdstelle, gehört das eigenthümliche, durch ihre Natur bedingte Leben der aramäischen Altvordern auf derjenigen Stufe des patriarchalischen Hirtenstandes, wie er nur wenigen Völkern der Erde wie diesem, und vielleicht nur ihm unter Allen allein zugetheilt ward; zumal in einem Weidelande Mesopotamiens, unter assyrischem Sternenhimmel, am Ufer eines Euphrat und Jordan, am Fuße eines Ararat, Hermon und Sinai!

Zu diesen localen eigenthümlichen Erscheinungen gehört die Wanderung der Erzväter im weidereichen Berglande Canaan; die Verzweigung nach Arabien, die vorübergehende Ansiedlung im Frucht- und Cultur-Lande Aegyptens. Eine ernste Gesetzgebung unter den Gewittern von Horeb und Sinai; ein langer vertilgender und doch verjüngender Zug durch die peträische Wüste. Dazu der Anwachs der zwölf Stämme in einem Lande darin Milch, Honig und Oelbäche fließen, dicht neben den nackten Steinklippen von Peträa, Judäa, Ephraim! Das Eigenthümliche eines Kedronbachs, eines Jordanthales, eines Schlundes in dem Sodoma und Gomorrha untersank. Dahin gehört die isolirte Jerusalem, das Thronen ihrer Bergzinnen von Sion und Moriah, weit hervorragend und hellleuchtend, für fernziehende Völkerschaaren! Und zu alledem noch die mangelnden bequemen Anfurthen der Meere, die Nachbargebiete, die Cedern auf dem Libanon, der Thau auf dem Hermon, die Umsicht vom Tabor, die fetten Triften von Saron, die Blumengefilde Jesreel, die Berglandschaften Galiläa's mit Seen, den Augen der Landschaft, die Einsamkeiten Engaddi's und Jericho's mit ihren Palmen und Balsamhainen.

Wer mag es verkennen, daß die Landesnaturen in Individualitäten hervortreten, die so gruppirt, nur hier sich beisammen fanden, die überall auf das Geschehene plastisch gestaltend einwirkten, dessen Wiederschein in Ueberlieferung, Geschichte, Staaten- und Volks-Leben, in Volksglauben, Volkslehre hervortreten mußte.

Wenn unser Planet nicht als eine bloß todtabgerundete, oder als bloßes Aggregat geballte Masse das Sonnensystem umkreiset, sondern als ein in sich bestehender Erd-Organismus, als ein lebendiges Werk der göttlichen Schöpfung, deren Meister seine fördernde Hand noch nicht von ihr abzog, so mußte auch, vom Anfang des Werdens an, ein tieferer Zusammenhang statt finden, wie zwischen Leib und Seele, so auch zwischen Natur und Geschichte, Heimath und Volk, zwischen Physik und Ethik.

Diesen Züsammenhang finden wir vielleicht nirgends im ersten Anstaunen der Gegenwart, sondern weit eher im besonnenen Rückblick auf die Jahrtausende der Vergangenheit, weil die zu nahe Stellung zu einem großartigen Gegenstand ihn unüberschaubar macht, und erst eine gewisse Entfernung von ihm, wenn das Auge der Geschichte der Naturanschauung zu Hülfe kommt, ihn übersichtlich erscheinen läßt. Von diesem Standpunkte der wahren Betrachtung zeigt sich uns auch das genannte Land, von dem hier unsere Theilbetrachtung ausgehen sollte. Palästina war vom Anfang an ein abgesondertes Land, und sollte es auch sein, wie Israel ein abgesondertes Volk; und darum waren auch Jahrtausende hindurch Beide für andere Länder und Völker so unverständlich wie unzugänglich geblieben!

Obwohl in die Mitte der concentrirtesten Massen des alten Continentes, in das Maximum der Berührungen der drei Erdtheile gestellt, und dicht umgeben von den damals glänzendsten Culturvölkern und Culturstaaten: der Babylonier, Assyrier, Meder, Perser, Phönicier, Aegypter, blieb es, wie kein anderes Volk des Alterthums, durch die Natur von ihnen gesondert und geschieden, um den vollständigsten Gegensatz in sich auszubilden, der nur ihm, in der ganzen Alten Welt, eigenthümlichen Monotheismus zu behaupten; seine große Selbständigkeit erlangen, und die größte Frucht für die Nachwelt zur Reife bringen zu können!

Keine große Landstraße führte hindurch von Volk zu Volk, alle gingen an seinen Landesgrenzen zur Seite vorüber, gleich den Seewegen an seinem hafenlosen Gestadesaume. Keiner der umgebenden heidnischen Staaten des Alterthums konnte durch die Theokratie Jehovahs mit einem andern geographisch, mercantilisch, politisch oder religiös verknüpft werden. Alle wurden sie ringsum von Kanaan geschieden durch den theokratischen Ideenkreis, der in diesem Länderkreise der vorherrschende wurde.

Am weiten syrischen Ländergebiete hatte Palästina seinen besondern räumlichen Antheil, zwischen der Landenge Suez und der peträischen Sinaihalbinsel im Süden, langgestreckt gegen Norden bis zum mittleren Stufenlande des Euphrat, wo dessen wilde Wasser die Engpässe der südlichen schon syrischen Tauruskette durchbrachen.

Im Westen vom Mittelländischen Wassermeere, im Ost vom Arabischen Sandmeere begrenzt, und also natürlich abgeschieden vom Orient wie vom Occident, wurde das Palästinische Syrien, zwischen jenen beiden Landschaften, im Norden und Süden, (dem Hochlande Armeniens im Taurus und dem Tieflande Aegyptens am Nilstrom) ein natürliches Verbindungsglied, dem auch der Entwicklungsgang seiner Bevölkerung entsprechen mußte;

von Hochasien einwandernd, von dem Culturlande Aegyptens zurückbiegend in das Bergland Palästina's, seine historische Mitte! Dieß sollte die räumliche Weltstellung von Palästina schon vom Anbeginn der Menschengeschichte bedingen, als hohe kühlere Landbrücke zwischen einem Meere und einer Wüste zusammengehalten; um vom Euphrat, ohne abzuirren, zum Nil hin und wieder zurück zu wandern, zum Ursitz vorbestimmter Heimath, in der Mitte vorderasiatischer Culturgebiete und doch isolirt, und ungefährdet von Außen bleiben zu können.

Kein anderes Land der Erde lag Palästina, der südlichen Hälfte Syriens, in dieser Hinsicht gleich. Schon die nördliche Hälfte, das Damascenische und Antiochische Soristan nicht mehr, welche auf der großen babylonisch-euphratensisch-syrischen Völkerstraße, dem Andrange aller Völkerbewegungen von Ost gegen West, wie später vom Abend- zum Morgenlande frühzeitig unterliegen mußte! Und — darum auch alle einheimische Bevölkerung verlor, während es von den Eindringlingen aller andern Völker, Sprachen, Sitten, religiösen Culten überschwemmt wurde, und von allen einen Zusatz erhielt.

Ist es nicht aus der Geschichte hinreichend bekannt, wie der vermischende syrisch-damascenische Einfluß, doch nach und nach im Verlauf der Jahrhunderte, aus der Fremde her, auch noch auf die nördlichsten minder gesonderten Gliederungen Palästinas, auf Galiläa und Samaria einwirkten, während die südlicheren Landestheile, das eigentliche Judäa, durch seine isolirtere Stellung vor diesen Vermischungen längere Zeit geschützt blieb? Hatte nicht jenes nördlicher so nahe anliegende Soristan in den Weltbegebenheiten Vorderasiens seit den frühesten Zeiten eine ganz entgegengesetzte Weltstellung erhalten? war es nicht eben deshalb der uralte Kampfplatz für drei Welttheile geworden, von Edad Hesar und Nebucadnezar, von der Achaemeniden und Alexander M. Zeiten an, unter Seleuciden, Römern, Parthern und Byzantinern zum Mittelalter, bis zu Araber und Türkenkriegen hin? Und war diese Landstrecke an den Syrischen Pässen nicht stets das Trennende oder Verbindende, Wallmauer oder Thoreingang nach drei Seiten, Asien, Europa und Aegypten, selbst bis heute der Hauptschauplatz der großen Orientalischen Frage geblieben, das Land der politischen Entscheidungen für den Orient?

Nichts von alle dem in Palästina! Diese Planetenstelle lag in gleichscheinbarem Conflict des großen Weltverkehrs, aber gesondert und geschützt zugleich gegen den Andrang östlicher Völkerfluthen.

Es waren die Vormauern und Umwallungen des Jordan und der wilden Schluchten des Todten Meeres zurückschreckend selbst für die Horden des dahinter liegenden wüsten Morgenlandes; sie sollten zu allen Zeiten dessen Söhne der Wüste und die durch den Bund mit ihnen gestärkten Völkerschaaren zur Seite ablenken, und das haben ihre wilden Gestaltungen auch Jahrtausende hindurch gethan.

Aber dennoch war Palästina, das verheißene Land, so gelegen, zwischen den Ländern und dem von allen Seiten her tief in dieselben mit ihren Golfen und Wasserstraßen einschneidenden Meere, daß auch für die Periode seiner Erfüllung zwischen alter und neuer Zeit, von dieser gemeinsamen Glaubensmitte, doch die Bahnen für die Sendboten des Evangeliums, schon nach allen Weltgegenden, zu allen Völkern der Heiden vorbereitet erscheinen.

Läßt sich in solchen Hauptzügen, die auf den Entwicklungsgang der Völkerschicksale von vielen Millionen, Jahrtausende hindurch von entscheidendem Einflusse waren, eine höhere Anordnung, ein nicht blos von Naturkräften plutonischer oder neptunischer Art bedingter, sondern wahrhaft geistiger Einfluß einer weltordnenden Kraft wol verkennen? die sich wol überall auf unserm Planeten in seinem Weltengange nachweisen ließe, und ihm seinen Erdorganismus für jede locale Bestimmung einhauchte, dem Gesetze gemäß für den großen Entwicklungsgang des Menschengeschlechts — einen Erdorganismus, der nicht blos im unvorsichtlichen, willkührlichen Aufspringen einer Erdscholle, zur Hebung einer Gebirgswand an der einen, zum Einsturz an der andern Seite, oder zur blos zufälligen, so oder so Gestaltung der Erdtheile, Länder und Inseln, und der ihre Einsenkungen ausfüllenden, sie durchschneidenden Meeresarme seine Aufklärung finden dürfte.

Doch abgesehen von dieser Betrachtung im Zusammenhange mit dem Ganzen, bleiben wir nur bei der Theilbetrachtung stehen, die hier uns vorliegt.

Palästinas Weltstellung trat frühzeitig in seiner historischen Individualität hervor; ringsumgeben im Kreise von den Residenzen der glänzendsten Culturvölker, blieb sein Land und die Tempelstadt in seiner Mitte minder berührt von ihrem Völkertreiben, abgesondert, schwer zugänglich für jene Zeiten, durch Wüsten und Meere; gesichert zwischen Klippen, Schluchten und Bergen, mit mäßigen Reizen, ohne innere Reichthümer, ohne Anziehungskraft für das Ausland. So konnte es selbständig in unverdrossener Bearbeitung seines kargen und doch reichlich lohnenden Bodens, ohne durch schiffbare Stromgebiete zu dem Meere, oder durch andere Naturbegünstigungen nach außen verlockt zu werden, und immer wieder in seine eigene patriarchalische Mitte zurückkehrend, zur heimathlichen Entwickelung als ein compactes Volk Israel gelangen! Das konnte das schwache Volk durch die Naturmitgift unterstützt; das konnte es vermöge seiner räumlich abgesonderten Weltstellung; das sollte es, das war seine Bestimmung, vermöge seiner dadurch seit Abraham bewahrten urväterlichen Reinheit von dem Heiden- und Götzenthum der unmittelbaren Umgebung, der minder mächtigen noch nicht den Weltmonarchien einverleibten Völkerstämme.

Wenigstens anderthalb Jahrtausend hindurch, bis es als Heimathland Eines Volks seine Rolle ausgespielt, bis dieses seine Bestimmung, das vorgesteckte Ziel an dieser Planetenstelle erreicht hatte, die nun zur Geistesheimath aller Völker der Erde erhoben ward. Denn, als die Zeit der Erfüllung des Gesetzes gekommen und die Isolirung überwunden war, gleichzeitig mit dem Eintritt in den politischen Verband des Römischen Weltreiches, da öffneten sich den Evangelien zugleich alle Bahnen unter die Völker, gegen den Auf- wie den Niedergang, und selbst die unmittelbar folgende größte Zerstreuung des früherhin compactesten Volkes, nach der Zerstörung Jerusalems, mußte diese Wege mit anbahnen helfen. Dieser Verein der größten Contraste in der Weltstellung, eine möglichst isolirte Zurückgezogenheit, nebst Begünstigung möglichst allseitiger Weltverbindung, mit der gleichzeitig vorherrschenden Culturſphäre der alten Welt, (durch Handels- und Sprachenverkehr zu Wasser wie zu Lande), mit der arabischen, indischen, ägyptischen, wie mit der syrischen, armenischen, griechischen und römischen Culturwelt, in deren gemeinsamen räumlichen Mitte, ohne von ihnen berührt, in deren gemeinsamen historischen Brennpunkt, ohne von deren Strahlen entzündet zu werden, dieß ist eine characteristische Eigenthümlichkeit dieses gelobten Landes, das zur Heimath des auserwählten Volkes vom Anfange an bestimmt war.

Aber die antike Zeit ist vorüber, die neue Zeit führt uns nur in einer geistigen Wiedergeburt zu derselben Planetenstelle zurück. Die Völker, die Sprachen, die alten Religionsideen, sind von dort bis auf wenige leuchtende Funken verschwunden. Das Rad der Weltgeschichte rollt einer andern Zukunft entgegen. Dasselbe Land ist heutzutag nur von Fremdlingen beherrscht, von Fremdlingen belebt; die Zugänge sind fast überall gebahnt, der Zeitgeist hat auch da seine Wurzeln eingeschlagen; nur die eine starre, stationaire, hemmende Naturform, die Zuglinie des

Jordan und des Todten Meeres allein hatte ihre antike Stellung behauptet bis auf die Gegenwart; denn selbst die weiter ostwärts ausgebreitete arabische Wüste ist durch die alljährlich wiederholte Hadsch, oder die große Karawane der Mekkapilger, seit einem Jahrtausend, von Damaskus bis Akaba Aila am Südostende des Todten Meeres, und von da bis Mekka und Medina, zum Lande der Völkerpassage für Hunderttausende geworden, dieselbe Wüstenstraße, die in den paar Jahrtausenden der Vor-Mohamedanischen Zeit, nur ein einziges Mal von einem Völkerheere, und zwar in entgegengesetzter Richtung, von Süden nach dem Norden durchzogen ward, auf der Einwanderung des Volkes Israel vom Sinai nach Kanaan!

Jene hydrographische Zuglinie aber, dieser tiefste in seiner Art einzige, lange Spalt der Planetenrinde, der vom Libanon an, vom Norden nach Süden immer tiefer eingemauert und eingestürzt erscheint, zwischen Hochgebirgen, grauen nackten Klippenwänden, vom Jordan durchstürzt bis zu seiner Einmündung zum Todten Meere, hat seine Natur beibehalten. Er blieb eine Scheidewand der Völker, und eben von da, an dem natürlichen Knotenpunkt fast unüberwindlicher Hemmungen, konnte niemals eine Völkerverbindung zwischen Ost und West, Süd oder Nord haften! Denn selbst die momentanen Belebungen alter pharaonischer, salomonischer Zeiten, wie die Mohameds und der Kreuzfahrer, sind nur vorübergehende Erscheinungen und stets ausweichender, niemals ansiedelnder Art gewesen!

Und doch fängt auch hier schon der Geist der neuern Zeit an, sich in merkwürdigen Spuren zu regen, in diesen bisher fast gänzlich verschleiert gebliebenen Formen und Erscheinungen der Naturplastik, in den bisher zurückschreckendsten Stellen der Planetenrinde. Schon beginnt auch hier unter unsern Augen in der allerjüngsten Zeit, das Element der Geschichte einzugreifen in das widerstrebendste Gebiet der erstarrten Natur. Niemand unter den gebildeten Europäern und ihren bewandertsten Reisenden, kannte zuvor die Quellen des Jordan, oder hatte sie mit Augen gesehen, bis zu den ersten Jahren unsers beginnenden 19ten Jahrhunderts! Die Geschichte seines Laufs war voll Lücken und Fabeln; nur seine Ausbreitung im lieblichen Galiläischen See war genauer, wenn schon nur einseitig bekannt, weil eine gebahntere Straße seit der Römer Zeit nach Tiberias, an seinem Westufer vorüberführte. Die ganze Ostseite desselben blieb fast bis heute noch ein unzugängliches Fabelland. Aber wer hätte es gewagt, auf einer Barke sich diesem für stürmisch ausgeschrieen Galiläischen See anzuvertrauen! und doch ist dies in den letzten Jahren wiederholt geschehen. Und nun vollends dem Ausfluß des Sees und dem weitern Entwicklungslaufe des räthselhaften Jordans, durch sein langes, aus hundert Gründen gefürchtetes Thal zu folgen, bis zur Einmündung in den Asphaltsee: das hatte noch nie ein sterblicher Europäer gewagt; hie und da kaum berührt, hatte man es immer wieder geflohen, oder war durch Gewalt aller Art, durch zu große Anstrengung, Ermattung, Hitze, Nahrungs- und Wassermangel, Raublust, Mord, und Fehden ihrer späteren und heutigen Bewanderer, aus Blutrache, immer wieder, und oft nicht ohne Todesgefahr aus diesem Jordanthale zurückgeschreckt worden! Seit dem 7ten Jahrhundert nach unserer Zeitrechnung, als der Pilger St. Wilibald, der erste Bischof von Aichstedt, einmal, und während der Periode der Kreuzzüge einmal, einer der christlichen Könige Jerusalems (Balduin I. im J. 1100) mit einer kleinen bewaffneten Reiterschaar, von See zu See, das ganze Jordanthal, vom Norden nach Süden durchzogen hatte, war dies keinem der nachfolgenden Europäischen Reisenden je wieder geglückt, bis in die letzten Jahre unsers letzten Jahrzehends.

Am Südende dieser großen Terra incognita, nach Jericho und zum Jordanbade, waren zwar alljährlich viele Tausende der christlichen Bewohner des Abendlandes gepilgert, aber immer von dem nahen, nur 7 Stunden entfernten, zur Seite liegenden Jerusalem, und immer unter türkischer Escorte, in Furcht und Angst, und niemals weiter, sondern immer wieder auf demselben Wege zurück, oder höchstens hatten Einige von ihnen den Muth gehabt, bis zum Ausfluß des Jordan, die paar Stunden noch weiter abwärts vorzudringen, um sagen zu können, daß sie auch die Schrecken des Todten Meeres gesehen und im Bade von seinen bittersalzigen Ufer-Wellen getragen seien.

Keine Ansiedlung friedlicher Menschen im Jordanthale, keine einzige am wilden Klippengestade des todten Meeres war bekannt, kein Ackerfeld, kein Gartenbeet, keine süße labende Wasserquelle, kein Zubach, kein schattiger Baum gegen den brennenden Sonnenstrahl, kein nährender Fisch der seine salzige Woge belebte, keine Vogelschaar sollte die Dunstsphäre dieses Asphaltsees überfliegen können, ohne in seinen schweflichten Pfuhl gelähmt hinabzustürzen. Nur Gedanken des Todes umschwebten dieses gewaltige Meer, in dem Sodom und Gomorrha unterging; nur als Räuber- und Mördergruben erschienen die fast weglosen Schluchten seiner Umgebungen; furchtbare Naturscenen und grausige unmenschliche Thaten trafen hier zusammen, um lange Reihen von Jahrhunderten hindurch im phantasiereichen Oriente ein Gebiet der Mythe und Fabel zu erzeugen, in welchem aber jedweder Augenzeuge, jede Beobachtung fehlte. Und doch waren die Lineamente von Fluß und See, auf unzähligen frühern Karten, mit kecken Umrissen so dictatorisch eingetragen, als müßten beide auch so aussehen.*) Wie der Anfang an den Quellen des Jordan-Stromes lange Jahrtausende

*) Die beiliegende Kartenskizze enthält die erste genauere Uebersicht des Jordanlaufes und Todten Meeres nach Capt. Lynch Aufnahme im Jahr 1848.

unbekannt — so war auch dessen Ende im Dunkel geblieben; wohin das Todte Meer seinen Ausfluß nehme; ob es unterirdisch, gegen Westen zum Mittelmeere ziehe? wie Eratosthenes und die Alten meinten, oder gegen Süden zum Rothen Meere? oder ob sein Ausfluß dorthin früher über der Erde gewesen, und nur zugedämmt? oder ob dieser wegen Abnahme der Wasser eben ausgetrocknet sei? und dergleichen leicht aufzuwerfende Fragen und Vermuthungen mehr, waren es, die um so rascher und vielfacher beantwortet oder discutirt zu werden pflegten, je größer die Unwissenheit an Thatsachen war, auf die es dabei ankommt. Und wie hätte man diese kennen sollen, da auch hier völlige Terra incognita geblieben war, bis vor einem Vierteljahrhundert.

Denn, noch im Jahre 1806, als es unserm deutschen Reisenden Ulrich Jasper Seetzen, dem ersten kühnen und glücklichen Wiederentdecker der wahren Jordanquellen, seiner östlichen Thalgebiete, und dem ersten muthigen Umwanderer der Ostseite des Todten Meeres gelungen war, bis zu dessen Südende vorzudringen, und in das Salzthal von Zoar, die berühmte Gränze des Weidenbachs (den auch einst Mose mit den Kindern Israel überschritt, als er vom Sinai am Rothen zum Todten Meere vorgerückt war, und mit dem ersten Schritt in Moab eintrat) zu erreichen, — damals war es ihm noch unmöglich gewesen, weiter gegen den Süden vorzudringen, und noch blieb einige Jahre hindurch die nahe Umgebung des Südendes vom Todten Meere im tiefsten Dunkel verborgen, bis erst ein eben so kühner nachfolgender Deutscher, Ludwig Burkhardt von Basel, im J. 1812, den Schleier dem ganzen Sinaitischen und Edomitischen Gebiete enthob, das uns gegenwärtig schon in größerer Durchsichtigkeit und Klarheit vor Augen liegt.

Und was konnte nun ein so kurzes Vierteljahrhundert in dem ganzen Stromsysteme des Jordans, gegen den Verlauf so langer Jahrhunderte und Jahrtausende bewirken? wodurch auch im sonst so stabilen Orient, ein Wechsel von Verhältnissen und Erscheinungen sich anbahnen möchte, für eine neue Zeit?

Sollten es auch nur Andeutungen, bloße Fingerzeige eines Fortschrittes sein, bei dem die Nachschritte, wenn auch noch so langsam, nicht ausbleiben möchten, so verdienen auch diese, auf einem so widerspenstigen Boden, wol sicher die Beachtung der Zeitgenossen! Die wahren Quellen des Jordan im Systeme des Anti-Libanon, und die scheinbaren, oder dafür gehaltenen, und seit antiker Zeit abgöttisch verehrten Quellen, in den Umgebungen des schneereichen Hermon, sind nebst vielen Localitäten, Verhältnissen und Denkmalen, die zum Verständniß so vieler Geschichten des hohen Alterthums, und zumal des alten und neuen Testamentes dienen, (wie die bei Banias, Caesarea Philippi, Dan, Lais, Capernaum u. a.) seit Seetzen (1805), Burckhardt (1812) und vielen andern nachfolgenden trefflichen Beobachtern, geographisch, astronomisch, antiquarisch genauer bestimmt und ihre Situationen theilweis selbst vermessen.

Auch die Verhältnisse und Umgebungen des reizenden Alpensees von Tiberias sind mit den schwarzen Basaltgebilden, den zahlreichen heißen Quellen, den Phänomenen dortiger Erdbeben, den architectonischen Ueberresten, und fast allen für die Geschichte des neuen Testaments wichtigen Ortslagen, so hinreichend ermittelt, daß dadurch für ganz Galiläa und seine Geschichten, bei heiligen und profanen Autoren, ein neues erfreuliches Licht aufgeht, das uns die Zeit seiner großartigen Begebenheiten viel näher zur Anschauung bringt, als dieß zuvor möglich war.

Die Quellgebiete des Jordan, bis zum reizenden Alpensee von Tiberias, sind schon früher von Andern zur Anschauung gebracht; wir übergehen sie hier! Als dort auf diesem Meer Galiläas, zu der Römer Zeiten, die Jünger Jesu ihre Netze nach Fischen auswarfen, dieselben, die später als Apostel ganze Völker gewannen, zogen noch Seegelschiffe über den schönen Landsee, der seit jenen Jahrhunderten völlig verödete. Erst in den letzten paar Jahren haben sich auf dem blauen Gewässer, zum Staunen der Anwohner, wieder Barken mit Seegeln und ausländischen Flaggen gezeigt, um die Küsten zu vermessen, und die unbekannten Tiefen des Galiläer Sees zu sundiren. Die beiden Uferseiten, bisjetzt noch durch Fehden ihrer Anwohner geschieden, werden dadurch wol bald wieder in gegenseitigen Verkehr treten; die Fischereien, wie vor alten Zeiten, in Aufschwung kommen.

Freilich waren es bis jetzt nur aus England und Nordamerika dahin gebrachte Barken, die aber für die Zukunft den dort Einheimischen zur Nachahmung im Baue dienen werden. Dieselben seefahrenden Nationen haben durch die Kraft ihrer Regierungen, das bisher Unerhörte versucht, zum Jordan und dem Todten Meer eigends ausgerüstete nautische Expeditionen auszusenden, um der bisherigen so schimpflichen Unwissenheit viel benachbarterer europäischer Culturvölker, über jene Thalbildungen, ein Ende zu machen. Wie schwierig eine solche Aufgabe war, davon hatte man noch keine Vorstellung; welche Energie dazu gehörte, sie durchzuführen, haben die dreimal wiederholten Ansätze gezeigt, die zur Ueberwindung der gegenanstrebenden Gewalten genommen werden mußten!

Die erste Aufgabe der Britischen Admiralität war eine Triangulation und ein Nivellement des Tiberias-Sees, wie des Gefälles vom Jordanlaufe, bis zum Todten Meere und des letztern Sundirung seiner Tiefen zu Stande zu bringen. Dieß wurde theilweis ausgeführt durch den Schiffslieutenant und Ingenieur Symonds im Jahr 1841, und hiedurch wenigstens ein Anfang gemacht zu einer positiven Kenntniß dieses Ländergebietes, dessen Kartenzeichnung zuvor größtentheils nur Hypothese und Phantasie war.

Man konnte nun schon weiter gehen, und 6 Jahr später 1847 die wirkliche Beschiffung eines Stromes wagen, dessen Natur man noch gar nicht kannte, dessen Anfang und Ende man bis dahin nur gesehen hatte. Die Hinabschiffung auf dem Jordan sollte Lieutenant Molyneux, der Leiter der zweiten Expedition im Auftrage der Britischen Admiralität, vom Tiberias-See bis zum Todten Meere vollführen. Dieser erste Versuch gelang nur zum Theil! Während 8 Tagen hindurch hatte er auf der kurzen Strecke von kaum 30 Wegstunden, auf die mühseligste Weise mit dem klippigen und rebellischen Strome voll Seichten und Wasserstürze zu kämpfen, wie mit den nicht angesiedelten Beduinischen Streiflingen seiner Uferseiten. Er mußte froh sein aus den Gefahren beider mit dem Leben davon zu kommen, und die Oase Jericho, den einzigen Schutzort der Jordanischen Wildniß erreichen zu können. Er kam als nächtlicher Flüchtling dahin, seine Barke war von einer Raubpartei zurückgehalten, und hatte kaum die noch ungezählten Klippen und Cataracten überwinden können, ohne zerschellt zu werden. Unter fortwährender Waffenrüstung, zu Schreckung und kühner Vertheidigung gegen Bedrohungen aller Art, ward zuletzt doch noch Lager und Barke überfallen, geplündert und die größere Zahl der Gefährten, welche die tapferen Steurer des Schiffes gewesen, von den Beduinenschaaren als Nackte in die Wüste zersprengt.

Aber der Lauf des Stroms und die Natur seines Thalgebietes war, seine größte Strecke entlang, kein Geheimniß mehr geblieben! Man hatte die hundert seltsamen Windungen mit den Gelegenheiten und Gefahren in einem größern Theile seiner Entwicklung kennen lernen, und diese Kenntniß sollte erst den Nachfolgern zu Gute kommen! Molyneux behielt Geistesgegenwart in seinem Unglück und Kühnheit genug zur Durchführung seiner schweren Aufgabe. Er sammelte nach der verunglückten Beschiffung auf dem Jordanstrome in Jericho, mit Beistand des nahen Jerusalem, in wenig Tagen neue Kräfte, rüstete die gerettete Barke von neuem aus, und segelte schon am 3ten September 1847 in wenigen Stunden stromab in das Todte Meer ein, um doch noch den letzten Zweck seiner Sendung zu erfüllen, nur von zwei in der Nautik völlig unerfahrnen Gefährten begleitet, den einzigen ihm von der Expedition Uebriggebliebenen.

Ein stürmischer Wind riß sein Schiffchen sehr bald über die schaumigen Wogen der salzigen Fluth in ihre Mitte hinein, trieb sein so schwach besetztes Segelboot gegen das Südende fort, tummelte es dann unter der schutzlosen Schwüle des fast versengenden Sonnenbrandes auf der grausigen, bittersalzigen empörten Fläche umher, bis es nach meist erfolglosem Rudern, dem ermatteten Steurer nach zwei schrecklichen Tagen noch gelang, das Nordufer, von wo er ausgefahren, wieder zu erreichen; aber mit so geschwächten Lebensgeistern, daß Molyneux wenige Tage darauf, als ein Opfer seiner übermäßigen Anstrengungen, den Tod fand.

Die wenigen aus seinem Journal erhaltenen Berichte über die durchforschten Localitäten und die gemachten Erfahrungen, dienten jedoch dazu, solche Gefahren schärfer ins Auge zu fassen, und die Mittel zu erkennen, sie zu überwinden, oder sie zu meiden. Entschieden zeigte es sich, daß man eine falsche Jahreszeit (Monat August), zur Beschiffung des Stromes gewählt, in welcher die zu geringe Fülle seiner Wasser, die man früher überschätzt hatte, eine solche diesmal unmöglich machte. Denn eben so weite Strecken hatte man die Barke über Sandbänke, Klippen und Cataracten hinwegtragen müssen, als sie über gehörig tiefen Wassern im Stromlaufe zu schwimmen vermocht hatte; und auf dem Todten Meere hatte man die Macht des bitterſalzigen Wellenſchlages und die Gewalt der Stürme auf dem empörten Salzwaſſer unterſchätzt.

Kein volles Jahr darauf (1848), wagte man den dritten Angriff auf dieſes widerſpenſtige Seefeld, und diesmal gelang der Sieg vollkommen über jene Naturgewalten und ihre Gefahren. Die Ehre dieſes Sieges trug die Neue Welt über die Alte Welt davon. Die Vereinsſtaaten Nordamerikas ſchickten hiezu ein wolausgerüſtetes Schiff über den Atlantiſchen Ocean. Es war mit Proviant, Inſtrumenten und tüchtiger Mannſchaft, unter wiſſenſchaftlicher Leitung der Oberoffiziere Lynch und Dale zweckmäßig ausgeſtattet, und führte, um jeder Gefahr zu begegnen, zwei metallene Barken mit ſich, die eine von Eiſen die andere von Kupfer gezimmert, die beide vom Meereshafen Acre, zu Lande, durch Kameele zum Tiberias-See getragen und gezogen werden mußten. Denn von da an begann die wiederholte Entdeckungsreiſe zu Schiff in den tiefſten und heißeſten Spalt der Erde, zu der, unter einem tropiſchen Himmel, nicht weniger Beſonnenheit gehörte, als die gleichzeitig vollendeten, und Wiederbegonnen der Briten, in die antarctiſchen und arctiſchen Eiszonen der beiden Polarwelten.

Nach allen Richtungen hin drängt es den Menſchen die irdiſchen von der Natur geſetzten Schranken zu durchdringen, weil ihm in der Vollendung der Erkenntniß nur die Wahrheit und die Freiheit des Geiſtes in das Unendliche aufzugehen vermag.

Schon vor dieſer Amerikaniſchen Expedition zum Todten Meere (im J. 1848), waren bekanntlich von ſo manchen zu Lande Reiſenden, hie oder da, fragmentariſche Kenntniſſe an den Ufern dieſes ſeltſamen Landſees eingeſammelt. Lange Reihen von Jahrhunderten zuvor hatten zahlloſe Pilger, nur von den weſtlichen Uferhöhen, mit deſſen Feenblick und der grauſigen Sage ſeiner Entſtehung ſich begnügt. Fabeln und Uebertreibungen ihrer aufgeregten Phantaſie, von den bitterſalzigen und schweren Wassern in denen nichts untergehe und doch Sodom und Gomorrha verschlungen sei, deren Gemäuer man noch in der Tiefe erkennen wollte; von dem Schwefelpfuhl, auf dem die hausgroßen Massen des Asphalt (Judenpech) von dem die Alten ihm den Namen gaben, umherschwämmen; von dem pestilenzialischen Dunst, den er aushauche und alles ertödte, von den Rauchwolken die aus ihm aufsteigen und die Lüfte verfinstern sollten, und von vielem Andern, hatten sie ihre Vorstellungen mit in ihre europäische Heimath hinüber genommen. Aber an positiven Thatsachen und kritischen Beobachtungen fehlte es gänzlich; höchstens hatte man Fläschchen mit dem Wasser gefüllt um dieß daheim chemisch untersuchen zu lassen.

Ganz anders, seitdem Seetzen ein paar Jahre hindurch (1805 und 1806) die Palästinischen Landschaften zum Gegenstand seiner Naturforschung machte, da zuvor es fast nur vom theologisch-antiquarischen Standpunkte aus betrachtet war. Von der Mündung des Jordan in den Asphalt-See, faßte er den kühnen Entschluß, was niemals zuvor auch nur versucht war, dicht an dessen Ostufer, dessen Lineamente man nicht einmal kannte, das Wasser-Bassin zu umwandern bis zum Südende! Er konnte dieß nur unter dem Schutz einzelner Beduinenhäuptlinge thun, die selbst zu den Raubstämmen gehörten, die unter ihrem Zelt mit ihm Brot und Salz getheilt, und dadurch nach ihren Gesetzen der Gastfreundschaft, ihn wie einen Bruder gegen jeden feindlichen Ueberfall zu schützen gelobten. Aber, sie selbst durch Blutrache gebunden, standen in Fehde mit ihren Nachbarstämmen. Die Gefahr war dadurch nur gemindert, und nicht gehoben; und oft mußten dennoch die Führer von Klippe zu Klippe, von Stamm zu Stamm, in diesen Wildnissen gewechselt werden. Nur in zerlumpter Kleidung, mit dem Bettlerstab in der Hand, und zu Fuß, ohne alles Geld oder Sache von Werth in der Tasche, nicht selten noch den Mehlsack zur einzigen Speisung auf der Schulter tragend, oder den Wasserschlauch, da es an süßem Wasser oft gebrach, mit sich führend, und nur von seinem Wegweiser unterstützt, der durch den frischen Gesang seiner arabischen Heldenlieder von Zeit, zu Zeit den Marsch verkürzte und seine Mühen versüßte, konnte der unerschrockene Naturforscher seine Zwecke erreichen. So groß war sein Eifer, daß ihn die Mühseligkeit, Gefahr und Entbehrung, die er auf der ersten Reise über die östlichen Berghöhen in einiger Ferne vom Ostufer des Todten Sees, von Hesbon bis Kerak, im März 1806, zu erdulden hatte, nicht zurückhalten konnte, im Januar und Februar des folgenden Jahres noch einmal das ganze Ostgestade desselben Sees, von Nord nach Süd, hin und zurück, zu durchwandern. Jedoch dießmal so dicht als möglich am Seeufer hin, um diesen von seinem hohen, wilden Klippenpfade immerfort im Auge zu behalten.

Die schroffen, oft senkrecht in den See abstürzenden Felsenwände, mit ihren zahllosen Felsspalten, Kegelspitzen und Trümmern, die seit Jahrtausenden von Menschen unbesucht, in ihren abgeschiedenen Einsamkeiten nur von Heerden wilder, colossaler Steinböcke übersprungen sein mochten, die Seetzen häufig, auf den engen und hohen kräuterreichen grasigen Stellen aus ihrer Ruhe aufscheuchte; diese oft labyrinthisch in einander verschränkten, rostbraunen, eisenschüssigen Sandsteinmauern, oder schwarzen, säulenartig gestalteten Basaltkegel, schienen das Vorschreiten oft unmöglich zu machen, während der Blick zur Seite, in die schaudervolle Seetiefe ging, oder vorwärts in eine enge Thalkluft die ein Gebirgsstrom, wie der tosende Arnonbach, diese altberühmte Grenzscheide der Moabiter und Ammoniter, durchrauschte.

Hie und da zu den Ausläufen dieser östlichen Uferbäche hinabsteigend, wie z. B. einem romantischen Felsenthor, das der Arnon an seiner Mündung durchbricht, labte er seinen lechzenden Gaumen an ihren süßen Wassern, und stärkte in ihrem kühlen Bade seine ermatteten Lebensgeister zu neuen Arbeiten; Süßwasser-Fische dienten zur Speise, das Seesalz zur Würze, Cypressenzweige zum Bettlager, ein Schaafspelz zur Decke; doch in den kalten Januar-Nächten durfte man ein wärmendes Flackerfeuer nicht zu unterhalten wagen, weil dieß aus Hinterhalten oder in Felsgrotten hausende Räuber herbeilocken konnte. Denn, obwol hier am ganzen Ostgestade keine einzige Ansiedlung zu finden, keine Hütte zu erblicken war, so liegen doch in Tagreisen Ferne, ostwärts, landein, viele Hunderte von Trümmerorten früherer Jahrhunderte und Jahrtausende, oft mit colossalen Architecturen, Festungsmauern, Brückenbogen, ausgemauerten Cisternen, von fruchtbaren Weideplätzen und selbst hie und da Weingartenterrassen und Ackerstücken umgeben, in denen arabische Hirtenstämme, als Beduinen, oder Kinder der Wüste ihr Nomaden- und Raubleben führen und auf Jagd und Fang aller Art auch bis zum Seegestade einmal umherstreifen. Auf diesem Trümmerboden hatte Seetzen im Jahr zuvor eine reiche Ernte von Entdeckungen für die Geschichte des alten Testamentes gemacht; denn er war der erste, der dort die einstigen Königsresidenzen zu Mose Zeiten, die Palastruinen von Ar Moab der Moabiter, von Hesbôn, mit den beiden großen Marmorbassins, die im Salomonischen Hohen Liede mit den Augen der Landschaft (H. Lied 7, 4) verglichen, die Residenz des Königs der Amoriter characterisiren, wieder auffand. Er war es der in der Landschaft des Königs Og zu Basan, des mächtigsten der damaligen Herrscher, auf der Ostseite des Jordan und Todten Meeres, über welchem das Volk Israel seine ersten Siege durch Triumphlieder feierte, die uns (4 B. Mose 21. 27—30) bis heute erhalten sind, viele von den 60 festen Städten, mit hohen Mauern, Thoren und Riegeln wie sie im 5 B. Mose 3 bezeichnet sind, in ihren Ruinen wieder aufgefunden hatte. Die Thore und Thüren der Vesten, Grotten und Steinhäuser waren noch heute mit gewaltigen, massiven Steinthüren geschlossen, die sich, wie damals, noch in ihren aus demselben Fels gehauenen steinernen Angeln drehten. Es war dadurch der erste Schritt gebahnt zum vollen Verständniß der historischen Berichte aus jenen antiken Zeiten, und zur tiefern Erwägung dessen, was in so manchen Kapiteln des Propheten Jesaias, so Erhabenes über jene weiten Länder- und Völkergebiete einst geweissagt war.

Auf dieser zweiten, unmittelbar dicht am Ufer hingehenden Wanderung, begegnete man zwar keiner einzigen menschlichen Seele, und blieb Wochen lang in den schauerlichsten Einsamkeiten, in denen nur Wildpret wie Steinböcke, Stachelschweine und anderes hausen konnte. Ganz besonders zahlreich bemerkte Seetzen, hier, den unansehnlichen kleinen murmelthierartigen Klippdachs (Hyrax syriacus) in dem wildesten Geklüft und Höhlen, den die Hebräer einst Schaphan nannten, von dem der Psalm 104, 8 dort sagen konnte: „die hohen Berge sind der Gemsen Zuflucht und die Steinklüfte der Schaphan (Kaninchen bei Luthers Uebersetzung).“ Es ist der Wubber der heutigen Araber, hier, wie auf dem Sinai und im Kidrongeklüft, den die Sprüche Salomonis zu den vier kleinen Thierarten rechnen, von denen Sprüchw. 30, 24—26 es heißt: Vier sind klein auf Erden und klüger denn die Weisen: die Ameisen, Schaphan, Heuschrecken und Spinnen, und V. 26: „diese Schaphan ein schwaches Volk, dennoch leget's sein Haus in den Felsen“, was Seetzen vollkommen bestätigt fand. Dennoch zeigten sich an einzelnen geschütztern Uferstellen, zumal an den Einmündungen mehrerer süßer und klarer Wasserbäche zum Salzsee, wo sie kleine Ebenen fruchtbaren Schlammbodens und Schuttmassen, seit so vielen Jahrtausenden, von dem hohen Berglande herabgewälzt und angeschwemmt hatten, hie und da, lieblichere Stellen, innerhalb kleiner Buchten, mit grünenden Inselchen, die einst wol einmal ihren Ansiedlern ein friedliches Asyl dargeboten haben mochten. Gegenwärtig lagen sie zwar wüste, aber sie machten den Eindruck grüner, blühender Oasen in der Klippen-Wüste am Salzsee. Außer dem bunten Schilf und dem Oleandergebüsch, mit seinen Purpurblüthen und lorbeerartigem Laube, das hier alle Bachufer schmückte, zeigten sich auch in den jetzt wilden Granaten und Feigen- wie Mandelbäumen und andern Gewächsen, Spuren von einstigem Anbau und Gartenanlagen, die zwar gegenwärtig ganz verwildert, aber dennoch, durch die schönen und zahlreichen Gruppen der gefiederten Dattelpalmen überraschten, die aus ihnen hoch, mit ihren schlanken Stämmen emporragten! Sichere Beweise früherer Cultur, da wilde Palmbäume dieser Art nirgends im Orient bekannt sind, sondern nur gepflanzte, oder verwilderte; da dieser gesellige Begleiter des tropischen Menschengeschlechts, unter den Baumgewächsen dasselbe Schicksal wie alle ähnlichen geselligen Thiergeschlechter unserer Haus- und Heerdenthiere theilte, die den Menschen auf alle Wanderungen und in alle Ansiedlungen um den Erdball begleiteten, nämlich nirgends mehr in ihrem ursprünglich wilden Zustande vorzukommen, da ihre Urheimath nirgends mehr zu finden ist! So auch die Dattelpalme, diese Königin der Gräser, wie der Hindu sie nennt, die aber, hier, am Todten Meer keine Datteln trägt, weil ihr die pflegende Hand des Menschen fehlt, die sie einst hieher verpflanzte, um sich in der kargen Einöde an ihren nährenden Trauben zu laben, die in andern Palmengärten der Tropen, noch heute, Millionen Menschen nähren.

Welches Volk in jene oasengleichen am Seeufer gelegenen Einsiedeleien diesen herrlichen Culturbaum verpflanzt haben mag, ist völlig unbekannt; es müssen bessere Zeiten gewesen sein als die der beiden letzten Jahrtausende und der Gegenwart; die heutigen mögen verwilderte Nachschößlinge sein aus den alten Davidischen nnd Salomonischen Zeiten, da die ihnen zu Engaddi gegenüberliegenden Palmengärten, am Westufer des Sees, mit den dortigen Weinbergen und Balsamgärten, von beiden königlichen Herren gepflanzt wurden, die jetzt ganz darniederliegen, so wie von den noch weit ältern, der schon zu Mose Zeiten so berühmten Palmenstadt Jericho, fast keine Spur mehr übrig blieb! Hier aber, mag die stillere Abgeschiedenheit von der beweglichern und zerstörendern Völkerwelt an den West- und Nordufern des Todten Meeres, dem lebenskräftigen, vegetativen Fortwuchern dieser Palmengruppen, denen der Ostseite, günstiger gewesen sein, da der selbst abgestorbene Palmenstamm, bei der ihm inwohnenden energischen Lebenskraft, doch aus seiner Wurzel immer wieder gleich einem verjüngten Phönix emporsproßt, eine Unvergänglichkeit, die ihm schon frühzeitig den Namen Phönix zugewendet haben mag.

Auf diese überraschende Erscheinung folgte im Nordostwinkel des Todten Meeres noch eine andre, die Seetzen entgegentrat, als er dort die unverkennbaren Spuren einstiger vulcanischer Thätigkeit, und ihre Nachwirkungen, bis heute, im großartigen Maaßstabe antraf. Er fand zwar nicht den Tur el Hommar, d. i. den Asphaltberg, von dem man ihm in Hebron vorgefabelt, daß er, dort, sich erhebend die Quelle der herabfließenden Naphtha und des erkalteten Asphaltes im Asphalt-See sey; auch kein Vulcan war dort zu sehen, wie man dieses früher geträumt; wol aber, ein so in sich zerrissenes Uferland, voll, durch Feuer geschmolzner Felswände, Conglomerate und umhergeschleuderter Felstrümmer, und auf dem Küstenstrich selbst, einen halben Tagmarsch entlang, ein überall von kochend heißen Quellen und einem halben Dutzend siedender Bäche, so dampfendes und dunsterfülltes Küstengebiet, in welchem die, seit Jahrtausenden fortgehende Tuffbildung sich selbst ihre Brücken über die Bäche gebaut, und wieder gesprengt, und an vielen Stellen mächtige Decken über die Erdlagen gebildet hatte, daß man hier auf einen großen in der Tiefe zurückgebliebenen Hitzheerd zurückschließen mußte.

Am Nordende dieser pseudovulkanischen Erdstrecke bricht der tosende Gebirgsfluß, Wadi Serka Maein hindurch, in den nahen Salzsee; man hat ihn wegen der ihm zueilenden warmen Quellen für die Lage der Kallirrhoë, d. i. der antiken Schönbrunn gehalten, so berühmt, weil in dessen heißen Dampfbädern einst Herodes, jedoch vergeblich, die Wiedergenesung von seiner furchtbaren Todeskrankheit suchte.

Diese letztere Stelle haben, nach Seetzen, auch ein paar andere Reisende berührt, aber den Küstenweg hat keiner nach ihm zu wiederholen gewagt; seine noch nicht einmal veröffentlichten Tagebücher, die als Manuscript gerettet sind, haben uns seine hier mitgetheilten Erfahrungen, und den Küstencontour der Ostseite des Todten Meeres überliefert, da ihn selbst, bei der Fortsetzung seiner kühnen Wanderungen im südlichen Arabien, das Unglück traf von unbekannt gebliebener Hand ermordet zu werden!

Gehen wir zum Westufer des Todten Meeres über, so ist dieses weniger großartig gehoben, aber immer noch gewaltig in seinen wilden Formen, Klippen und Wüsteneien. Wegen der größern Annäherung an das bebautere Jericho, und an die antiken Berg-Städte Jerusalem, Bethlehem und Hebron, die nur eine starke Tagereise davon abstehen, ist es stets zugänglicher gewesen, und auch in einigen Punkten bekannter geworden, wie zumal in Masada, Engaddi, und Mar Saba.

Zwar ist der, über dem See, unmittelbar sich erhebende, schwindelerregende Felsabsturz des 1000 Fuß hohen Sebbeh, an der Südwestwand des Wasserspiegels, erst im Jahr 1842 zum ersten male von dem Amerikaner Wolcott erstiegen worden, um die Trümmer der alten Veste Masada, die auf seiner einsamen Felsstirn in der Wüste, von König Herodes, zu einem Königsstein, für 10,000 Mann erbaut ward, zu untersuchen. Denn, von ihr hatte Flavius Josephus die furchtbare Geschichte, den Beschluß der damaligen Tragödie Palästina's, von dem letzten Asyl erzählt, in welches an Tausend von der Zerstörung Jerusalems übrig gebliebene Juden, mit ihren Familien sich gerettet zu haben glaubten, die aber, nach monatlanger Belagerung, durch die Legionen des römischen Feldherrn Flavius Silva, dort, den sie schon umringenden Feuerflammen und der schmachvollen Gefangenschaft, durch gegenseitigen, nach dem Loose, verhängten Selbstmord, in der Verzweiflung, Alle, ihren gräßlichen Tod fanden bis auf den letzten Mann, der sich dann in sein eignes Schwert stürzte.

Auch die nördlichern, über dem Seeufer derselben Seite sich emporthürmenden Felsgehänge von Engaddi, so berühmt durch die Weinberge und Palmhaine aus den Salomonischen Zeiten, wurden zum ersten male im Jahr 1838, von den Amerikanern Eli Smith und Robinson besucht, wo nichts von der alten Herrlichkeit übrig geblieben, als, auf halber Felshöhe, die reichlich sprudelnde, süße Wasserquelle, die auch heute noch wie vor Jahrtausenden ihre nächste Umgebung zu einem wilden Paradiesgärtlein umschafft, in dem aber nur Singvögel, auch Nachtigallen, vielleicht die einzigen der Wüste, ihre Lieder erschallen lassen. Denn, rund umher ist nur so weit das Auge reicht grausames, menschenleeres Felsgeklüft. In den jetzt unzugänglich gewordnen nicht wenig zahlreichen Felsgrüften der steilen, lichtgelben, dortigen Kalksteinwände, von denen die zuführenden Treppenfluchten längst herabgestürzt sind, sieht man, nur hie und da noch von unten, an ihren hochliegenden Eingängen, Marmorschwellen, Thürpfosten, Fenstersäulchen, von Marmor angebracht, wo einst die Häupter des Landes in Ruhe verweilten. Hier war man in die Wüste Engaddi eingetreten, wohin einst auch Saul wider David zog, mit seinen 3000 Bewaffneten, um David samt seinen Männern zu suchen „auf dem Felsen der Gemsen“; wo er zur Höhle bei den Schaafhürden kam, zu der er hineinging seine Füße zu decken; in der David, nur seinem schlafenden Wiedersacher den Zipfel des Mantels abschnitt, ohne sich an dem Gesalbten des Herrn zu vergreifen.

Hier, auf der nahen Burg Siph, war es, wo in der größten Noth, im Angesichte Jehova's, der schönste Freundschaftsbund, zwischen dem treuen Jonathan und dem heldenmüthigen David geschlossen wurde (1 Sam. 23, 18), ein Bund, der auch diese Wüste für immer adelte, in einer Noth, die sich nur aus den Psalmen des königlichen Sängers, in seinen Gebeten um Hülfe und Errettung aus ihr, ermessen läßt!

Auch die Nordwestecke des Todten Meeres, an der Einmündung des Kidronbaches, im dortigen Mönchsthale (dem Wadi er Râhib), in dem einst, in den ersten christlichen Jahrhunderten, viele Tausende von Eremiten ihr beschauliches Leben führten, von dem noch die unzähligen Grottenwerke in jenem schauerlichen Felsthale, jetzt nur von Füchsen, Schakalen, Eulen und wilden Taubenschaaren bewohnt, Zeugniß geben, auch diese hat ihre eigenthümlichen Erinnerungen bewahrt. Denn eben in den größten Entbehrungen der irdischen Welt, durch die Kasteiungen in der grausenvollsten Klippenwüste, wähnte man damals, am sichersten den Himmel erringen zu können. Das Kloster Mar Saba, in jenem frommen Wahn, seit dem 4ten Jahrhundert, festungsmäßig, wie ein Schwalbennest, an steilen Klippen, über jenem 800 Fuß tiefen, nackten Felsschlund erbaut, von schützenden Thürmen überragt, gegen die, durch alle Jahrhunderte wiederholten Raub-Beduinen, die wahren braunen Raben der Wüste, hat sich bis heute erhalten.

Als in jenen frühesten Jahrhunderten, ein ganzer Troß von 10,000 bis 20,000 Eremiten noch diese Wüsteneien belebten und in Gruppen, unter der Leitung eines Meisters oder Vorbildes in der Heiligkeit, ihre Lauren, oder Gemeinschaften bildeten, aus denen dann bald die Klöster hervorgingen, deren Trümmer auch dort noch in manchen Wüsten sich zeigen, war einer der hervorragendsten dieser Meister, Sanctus Saba! Sein Ruhm erfüllte damals die Welt vom Kaiserhof in Byzanz bis an dem Nilstrom und Alexandria; und durch das ganze Morgenland, bis zum Euphrat: denn, er war der große Heros der Kirche im Eremitengewande, der sich dem Scepter der Kaiser und Könige, wie dem gezogenen Schwert der Feldherrn mit dem Kreuz und den Geboten der Kirche zu ihrem Schutze entgegenstellte. Drei Mal, dem gemeinen Schwarm der Lauren, die er immer wieder in andre Einsamkeiten verlegte, entflohen, baute er zuletzt ihrem Tumulte zu entgehen, das Kloster, in dem er sein Greisenalter in Stille verlebte, das seinen Namen Sct. Saba bis heute trägt, und in den Kirchen, Kapellen und alten Manuscripten auf Pergamenen, manchen Schatz herbergt, der erst kürzlich gelehrte Reisende dahinzog.

In die Nähe zur Einmündung des Jordan in das Todte Meer zurückgekehrt, bleibt uns noch die jüngste Beschiffung von beiden, im April und Mai des Jahres 1848, nach ihren Resultaten kurz zu erwähnen übrig, die uns erst das Eigenthümliche ihrer beiderseitiger Naturformen zur lebendigern Anschauung bringen.

Der Jordan ist nicht, wie andere Ströme, die belebende Ader des Landes, das er durchzieht, nicht das anregende Princip seiner Anwohner, bisher keineswegs, wie unsre europäischen, segensreichen Ströme, die Hauptlinie der Ansiedlung, des Verkehrs, der Civilisation im Lande geworden. Hier sollte Alles anders sein: dennoch gibt die Einsenkung des Jordanthales der

Landes-Physiognomie ihren Hauptzug, der palästinischen Landschaft einen ganz eigenthümlichen Character. Denn, dieser Jordan, ist ein Strom wie kein andrer der Erde, er ist der einzige seiner Art. Ein Binnenstrom, ohne Erguß zum Meere, mit dem Verschwinden in der tiefsten Kluft der Alten Welt, tief unter dem Spiegel des Oceans; ein Längenbegleiter des Syrischen Gebirgszugs, ja sogar im vollständigen Paralellismus mit der so nahen Küste des Mittelländischen Meeres, zu der er sich an keiner Stelle, wie doch sonst alle Flüsse gegen die Meere, nicht einmal hinneigt, da sein nördlicher Gegenstrom, der Orontes, doch bei Antiochia ein Durchbrecher der Syrischen Ketten zum Meere ward. Ohne sich diesem Meere, am Südende, im kürzesten Querthale zuzulenken, verschwindet er plötzlich, läßt aber die Fortsetzung seines Längenthales, bis zum Rothen Meere, trocken liegen. Aus den Gipfeln und Höhlen des Libanon hervorgetreten, sammelt er seine Wasser auf terrassirten Thalstufen die nur zum Theil trocken gelegt sind, wieder in drei in sich abgeschlossenen, kleinern und größern Seebetten, dem Merom, dem Galiläer- und dem Todten-Meere!

So ist er ein gemischtes Wassersystem noch auf unentwikkelter Stufe eines seegenbringenden Stromlaufes zurückgeblieben, ohne ausgewirkte, für ertragreiche Ansiedlung geeignete Thalbildungen, nur ein eigenthümlicher, mit rollenden, wildstürzenden und wieder stille stehenden Wassern, theilweis und nur temporärer erfüllter Erdspalt, zwischen Felsklüften und Thalweitungen. Den continuirlichen, permanenten gleichmäßiggeregelten Lauf unsrer europäischen Ströme hat er nicht erlangt.

Daher auch der Mangel früherer Schifffahrten, daher die Beschwerde seiner letzten Beschiffung! Zehn Tage der größten Anstrengungen waren nothwendig, um, selbst bei hohem Wasserstande seine kurze Strecke, vom Tiberias-See zum Todten Meere glücklich zurückzulegen. Von 3 Flußbarken zerschmetterte die von Holz gebaute gleich am ersten Tage, zwischen Felsklippen und Cataracten. Die Boote aus Eisen und Kupfer überstanden, wenn auch nicht unverletzt, alle Gefahren. Der Strom, im Normallaufe von N. nach S., zeigte so unendlich viele Windungen und Krümmungen, daß man oft nur zur Seite, häufig wieder rückwärts schiffte, und daß es unmöglich war, alle ihre Details zu vermessen. Auf der sorgfältig bearbeiteten Originalkarte zählen wir wenigstens anderthalb Hundert kleinere und größere Krümmungen, die auf der kleinen Zeichnung, zum ersten Male, mit scrupulösester Genauigkeit, wiederzugeben versucht sind. Sie bezeichnen, im obern Laufe des Jordan, eben so viele Felsbänke, Felsklippen; mit höhern und niedern, kürzern und längern Strecken wildtosender, schaumiger Cataracten; wahre Wasserfälle, über welche die Boote hinwegschießen mußten, oder noch gefährlichere Stromschnellen, in denen sie oft zwischen den Klippen hängen zu bleiben in Gefahr waren, oder Strudel, die sie an den Felswänden zu zerschmettern drohten. In der untern Hälfte des Jordanlaufes kehrten ähnliche Gefahren wieder, doch mehr noch Hemmungen durch Schutt- und Sandbänke, oder andre Untiefen und Stagnationen, welche die Schiffahrt verzögerten. Wenn, zuvor, die nackten Kalkklippenufer, mit Binsen, Grasung oder Dorngestrüpp bedeckt, fast keinen Anhalt gaben, so war, im untern Laufe, das Walddikkicht des Ufersaumes gefahrbringend, da nicht nur die Takelage der Seegelboote sich in dem weithinaus, über den Strom reichenden Gezweige der Bäume verwickelte, wenn man dem heißen Sonnenbrand in der Mitte des Stromes ausweichend den Schatten der Wald-Ufer aufsuchte, wo aber den dort Verweilenden eine noch größere Gefahr von den Raubthieren drohte, zumal von den Hyänen, Leoparden und andern Bestien, die durch die engen Wald- und Schilfpfade sich zur Tränke am Strome drängten, und da zugleich auf ihre Beute lauerten.

Die stets geladenen Gewehre mußte man aber zu gleicher Zeit noch bereit halten gegen die Ueberfälle der Beduinen, deren ein Dutzend unabhängiger Tribus, meist in Fehde und Kampf um die Oberherrschaft und die Grenzvertheidigung ihrer Territorien begriffen, die Passanten fortwährend bedrohte; und jede Sorglosigkeit der Schiffenden, wie der Uferkarawane, würde nicht ohne Blut und Raub abgelaufen sein. Zu allen diesen Nöthen, die zu hundert Aventüren Veranlassung gaben, und beim Flottmachen der Schiffe mehr zum Waten im Wasser nöthigten als zum Sitzen oder Gehen im Trocknen, kamen noch die zahllosen Spaltungen des Stromes in Arme zwischen Klippen und Inseln, bei denen man immer unsicher sein mußte, welchem der Canäle zu folgen war. Wie froh war der Commandeur der Expedition Capitain Lynch, als er, mit seiner ganzen Schiffsmannschaft gesund und glücklich bei Jericho, am berühmten Jordanbade, am 18. April, der Mündung zum Todten Meere ganz nahe, angelangt, seiner Admiralitat in Washington den kurzen, aber inhaltreichen Bericht schreiben konnte:

Wir haben in 10 Tagen den 30 Stunden langen Strom durchschifft; er steht im letzten Stadium seines Hochwassers; ein paar Tage später und die Beschiffung wäre unmöglich gewesen. Wir sind auf ihm mit unsern beiden Metallbooten 27 drohende, große Cataracten glücklich hinabgestürzt, und über eine mehr als dreifache Zahl geringerer. Der Jordan hat noch weit mehr Krümmungen in seinem Laufe, als der Mississippi — Alles ist gesund und wohlauf!

Nun war noch die zweite Aufgabe der Expedition zu vollführen übrig: die Beschiffung und die Aufnahme des Todten Meeres.

Hier traten andere Beschwerden und Schwierigkeiten auf. Ein widriger Schwefelgeruch begleitete die beiden Metallboote zur Jordaneinmündung in den See. Der heftige Nordwestwind schlug, nach kurzer Fahrt, in einen wilden, ungastlichen Südsturm um, der die Wellen zu Schaumwogen emporpeitschte, die mit ihrem umherspritzenden Salzschaum die Kleider der Schiffenden mit starren Salzkrusten bedeckten, und Haut wie Augen mit Brennen und Jucken erfüllten. Der grausige Sturm drohte bald mit seinen starken Salzwogen, die wie schwere Titanenhämmer gegen die zitternden Metallwände der Boote schlugen, diese bersten zu machen, oder sie mit dem schweren Salzwasser zu überschütten. Es dünkte den Offizieren, als wären sie zu einer verbotenen Pforte des Todten Meeres eingefahren, an welcher die grimmigen Wächter auf Sturmesschwingen ihnen ein Gebot entgegen riefen: hier sei kein Einlaß zu dem ewigen Grabe der Todten! — Aber die Gefahr ging vorüber, der Sturm wich, die Boote schaukelten hinüber zu der Westküste an die Mündung des Kidronbaches, unter die Klippe Feschchah, wo auch die Landkarawane nach einer kurzen Verirrung sich einfand, und die Freude der Errettung wie des Wiederfindens groß war. Dem Sturm folgte eine stille Mondnacht, in deren Einsamkeit man, höchst überraschend, die Mitternachtsglocke des Klosters Sct. Saba von den benachbarten Felshöhen durch das Kidronthal herüber tönen hörte! Ein großartiger Eindruck am Todten Meer, in der größten Wildniß sich doch mit menschlichen Wesen durch das christliche Gebet vereinigt zu wissen.

Zwanzig Tage verwandte man zur Beschiffung des Salzsees und aller seiner Gestade, von Vorgebirg zu Vorgebirg, und schlug die von Ort zu Ort gewechselten Lager da auf, wo nur einigermaßen eine wirthliche Stelle sich zeigte, wenn es auch nur eine brakische, oder eine laue Quelle war, die das unentbehrlichste Wasser geben konnte. Unter der süßen und reichlichsten Quelle von Engaddi wurde natürlich das Hauptlager eingerichtet, wohin aller Proviant von Jerusalem und Hebron dirigirt ward, und von wo alle Kreuz- und Querfahrten über den See gemacht wurden, durch welche man mit dem Senkblei an 155 verschiedenen Stellen die Tiefe des Seebeckens ergründete. Nur die fetiden Schwefelwasserquellen, die in Menge den See umgeben, mied man, weil ihr Gas, bei der furchtbaren Hitze des sengenden Sonnenstrahls in der absolut großen Tiefe des Seespiegels, und dem dadurch bei tropischer Schwüle verstärkten Luftdrucke, einen sehr nachtheiligen, lähmenden Einfluß auf Körper- und Seelenstimmung der Schiffenden ausübte. Trat noch ein heißer Südwind, ein glühender Scirocco mit Backofenluft und beständigem Wetterleuchten hinzu, wie das nicht selten der Fall war, so erschlafften bald Aller Kräfte unwiderstehlich, und den Capitain, der Einzige dem die Seelenkraft blieb, sein Auge nicht zu schließen und das Steuer fortzulenken, um nicht wirklich in ein Verderben zu rennen, konnte in der Mitte seiner durch Starrsinn in dumpfen Schlaf und in Todtenstille versunkenen, erbleichten Schiffsmannschaft der schaudererregende Gedanke an Charons Nachen auf der Fahrt zur Unterwelt wol beschleichen.

Dennoch wurden, nach wiedererwachten und gestärkten Lebensgeistern und vielfachen Wechseln der Zustände, die Arbeiten zur Aufnahme der Vermessung des ganzen Sees zu Ende gebracht und die erste Karte danach entworfen. Sein Becken zeigte sich in zwei Seeboden getheilt, von denen der nördliche ($\frac{2}{3}$) in einen Abgrund von 1000 bis 1300 und an einer Stelle bis 1970 Fuß unter seine Spiegelfläche (nach Symonds) hinabsinkt, während der südliche ($\frac{1}{3}$) des Sees nur eine flache Salzlagune von nicht über 18, meist nur unter 6, bis zu 1 und $\frac{1}{2}$ Fuß Tiefe darbietet. Diesen flachen Boden füllte meist nur ein salziger Seeschlamm, der von heißen Quellen aus der Tiefe zu sehr erhitzt wurde, um ihn ohne Beschwerde durchwaten zu können, als man die Boote zurücklassen mußte, und doch das

Ufer am äußersten Südende erreichen wollte, um auf ihm die berühmte Salzsäule Usdums, an 40 Fuß hoch, zu erklimmen, in der sich der Name Sodoms mit geringer Umänderung erhalten hat und die Sage von Lots Weibe. Diese Salzsäule ist aber nur der vorderste Pfeiler eines langen Zuges von Steinsalz, der tiefer in das Edomiterland einsetzt. Die wenigen Uferanwohner eines schwächlichen Fellahgeschlechtes, die nie ein Schiff gesehen, setzten die beiden Barken, die sie für Thiere hielten, in Erstaunen, weil sie nicht begreifen konnten, daß diese, ohne Beine zu haben, doch auf dem Wasser gehen könnten, bis man ihnen die Ruder als die Beine zeigte. Nur einer der dortigen Negerknaben that bei ihrem Anblick einen lauten Freudenschrei, denn in seiner Seele tauchte plötzlich die Erinnerung an Barken auf, die er, als Kind, einst auf dem Nilstrom hatte schwimmen sehen.

Als nun alle Theile des Sees umschifft, untersucht und seine Naturprodukte eingesammelt und durch Messung die tiefe Lage des Seespiegels zu mehr als 1300 Fuß unter dem Spiegel des Oceans und der absolute Einsturz des Seegrundes, als die größte Einsenkung der Erde, auf wenigstens 2200 bis 2600, an manchen Stellen sogar bis 3321 Fuß unter dem Spiegel des Mittelmeeres festgestellt war, kehrte man zum Nordende des Todten Meeres zurück. Nicht nur die Metallboote waren durch die salzige, corrosive Lauge des Seewassers zerfressen und leck geworden, auch die ganze Schiffsgesellschaft war durch die drükkende Atmosphäre und das Uebermaß der Anstrengung dazu genöthigt, ein andres Clima wie dieses schwüle tropische, in dem man überall indisch-tropischen Vegetationen begegnet war, aufzusuchen, um Krankheiten zu entgehen, deren Symptome schon sich zu zeigen begannen.

Im letzten Lager am See zimmerte die Amerikanische Expedition noch ein großes Flooß, um auf hohem Signal die

Flagge der Vereinsstaaten für längere Zeiten zu tragen, die man als Zeichen der errungenen Herrschaft über das Todte Meer, fern vom Ufer, wo es den Arabern unerreichbar blieb, in einer Seetiefe von 480 Fuß durch Anker befestigte, dem Hauptlager von Engaddi gegenüber, dem Capitain Lynch, der Commandeur der Expedition, feierlich den Namen ihres großen Begründers der Freistaaten Nordamerika's, den Namen Camp Washington beilegte.

Nachtrag.

Erst nachdem obiger Vortrag gehalten war, kam mir, Mitte Januar 1850, der von Capt. Lynch an das Navy-Departement in Washington später eingereichte Report über die scientifischen Resultate der auf seiner Expedition gemachten Observationen und Berechnungen, durch die Güte des Herrn Mason, Secretary of the Navy, dem ich hier dafür meinen Dank abstatte, zu; weshalb folgende numerische, von den obigen Angaben abweichende Bestimmungen, hier, zur fernern Kenntnißnahme, beizufügen sind. Die frühern konnten nur aus dem zuerst 1849 erschienenen: Narrative of the United States Expediton to the River Jordan and the Dead Sea, by W. F. Lynch U. S. N. Commander of the Expedition. London. 8. genommen werden, die also in dem Report erst ihre Berichtigungen erhalten haben. Es sind unter den hieher gehörigen folgende:

1) Spiegel des Tiberias-Sees unter dem Mittelländischen Meer = — 612 Fuß Paris.

2) Spiegel des Todten Meeres unter dem M. M.	=	— 1235	Fuß Paris.
3) Also Gesammtgefälle des Jordan zwischen beiden Seen . .	=	623	" "
4) Größte Tiefe des Todten Meeres, nach Lynchs Sundirung . .	=	1227	" "
5) Jerusalem, Höhe über dem Mittelländischen Meere . . .	=	2449	" "
6) Jerusalem, Höhe über dem Todten Meere (2449 + 1235) . .	=	3684	" "

Berlin, den 29sten Januar
1850.

C. R.

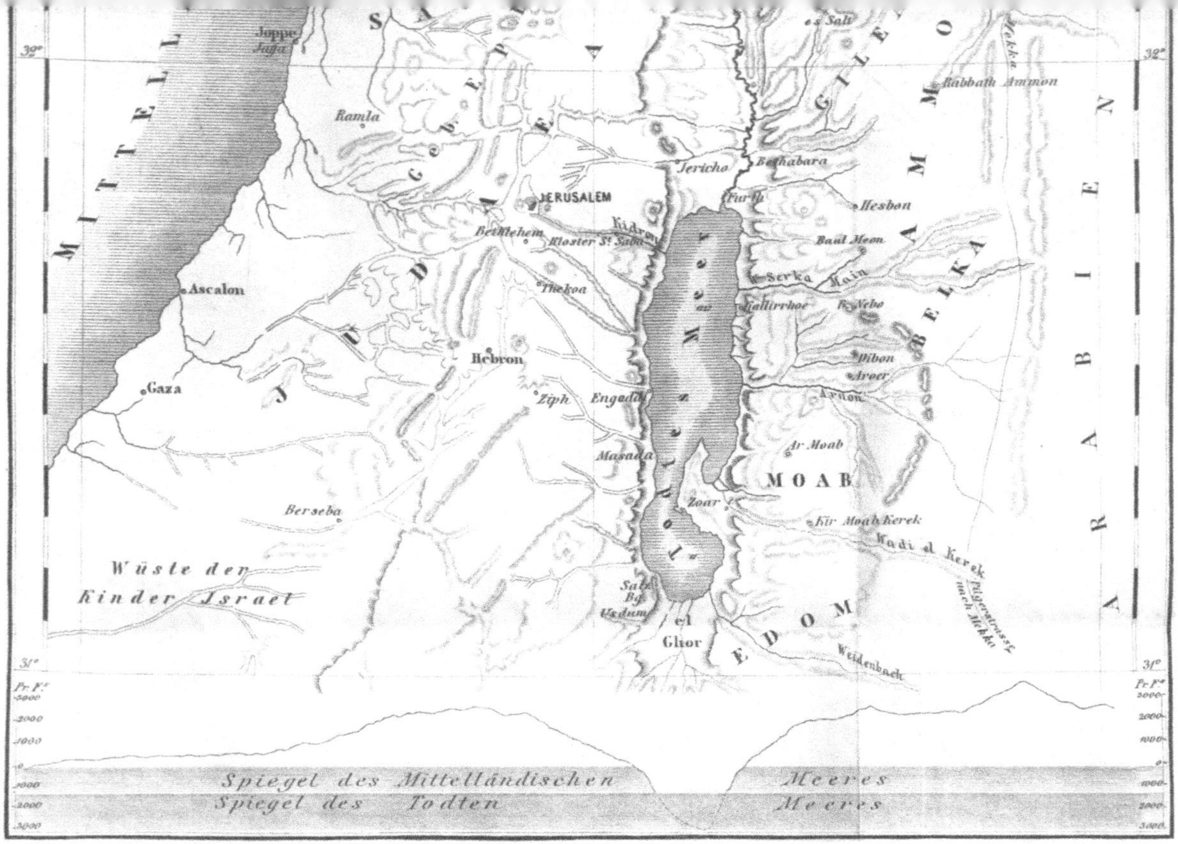

MITTELL
Joppe
Jaffa
Ramla
Ascalon
Gaza
JUDAEA
Gebirge
JERUSALEM
Bethlehem
Kloster St. Saba
Kidron
Thekoa
Hebron
Ziph
Engaddi
Masada
Berseba
Wüste der Kinder Israel
Jericho
Furth
Bethabara
es Salt
GILEAD
Rabbath Ammon
AMMON
Hesbon
Baal Meon
Serka Main
Kallirrhoe
B. Nebo
BELKA
Dibon
Aroer
Arnon
Todtes Meer
Ar Moab
MOAB
Zoar
Kir Moab Kerek
Wadi el Kerek
Pilgerstrasse nach Mekka
Salz Bg.
Usdum
el Ghor
EDOM
Weidenbach
ARABIEN
32°
31°
Pr. F.
3000
2000
1000
0
Spiegel des Mittelländischen Meeres
Spiegel des Todten Meeres

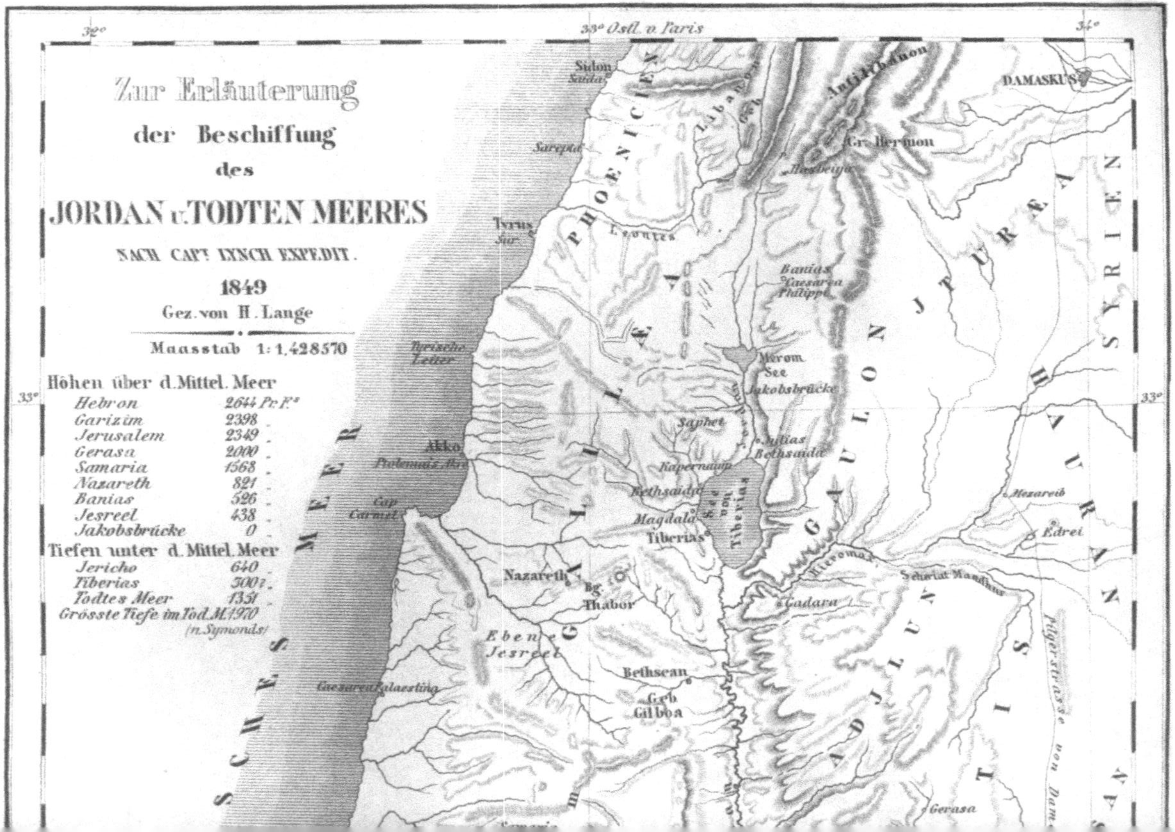

Zur Erläuterung
der Beschiffung
des
JORDAN u. TODTEN MEERES
NACH CAPT. LYNCH EXPEDIT.
1849
Gez. von H. Lange
Maasstab 1: 1,428570
Höhen über d. Mittel. Meer
Hebron 2644 Pr. F.s
Garizim 2398
Jerusalem 2349
Gerasa 2000
Samaria 1568
Nazareth 821
Banias 526
Jesreel 438
Jakobsbrücke 0
Tiefen unter d. Mittel. Meer
Jericho 640
Tiberias 300
Todtes Meer 1331
Grösste Tiefe im Tod. M. 1970
(n. Symonds)
32°
33° Östl. v. Paris
34°
33°
Sidon
Saida
Sarepta
Tyrus
Sur
Tyrische Leiter
Akko
Ptolemais
Cap Carmel
Caesarea Palaestina
PHOENICIEN
Libanon Geb.
Antilibanon
DAMASKUS
Gr. Hermon
Hasbeiya
Banias
Caesarea Philippi
Merom See
Jakobsbrücke
Saphet
Julias
Bethsaida
Kapernaum
Bethsaida
Magdala
Tiberias
See von Tiberias
Nazareth
Bg. Thabor
Ebene Jesreel
Bethsean
Geb. Gilboa
Gadara
Mezareib
Edrei
Pilgerstrasse von Dam
Gerasa
GAULON
JTUREA
SYRIEN
HAURAN
ADJLUN

FSC
www.fsc.org
MIX
Papier | Fördert gute Waldnutzung
FSC® C083411

Kolibri 360 GmbH
Ferdinand-Jühlke-Straße 7
99095 Erfurt, Deutschland
produktsicherheit@kolibri360.de